BEI GRIN MACHT SICH IHR WISSEN BEZAHLT

- Wir veröffentlichen Ihre Hausarbeit,
  Bachelor- und Masterarbeit

- Ihr eigenes eBook und Buch -
  weltweit in allen wichtigen Shops

- Verdienen Sie an jedem Verkauf

Jetzt bei www.GRIN.com hochladen
und kostenlos publizieren

Meike Herbers

Unterrichtsplanung BOS Mathematik: Einführung Streumaße (Stochastik)

GRIN Verlag

Bibliografische Information der Deutschen Nationalbibliothek:

Die Deutsche Bibliothek verzeichnet diese Publikation in der Deutschen National-
bibliografie; detaillierte bibliografische Daten sind im Internet über http://dnb.d-
nb.de/ abrufbar.

Impressum:

Copyright © 2010 GRIN Verlag GmbH
Druck und Bindung: Books on Demand GmbH, Norderstedt Germany
ISBN: 978-3-656-31783-8

Dieses Buch bei GRIN:

http://www.grin.com/de/e-book/196952/unterrichtsplanung-bos-mathematik-ein-
fuehrung-streumasse-stochastik

Unterrichtsentwurf im Fach Mathematik

Thema: **Einführung der Varianz als erstes Streuungsmaß**

Klasse: BOS

Datum: 18.01.2010

Zeit: 11:15 – 12:45 Uhr

Raum: 3.103 (Kommunikationsraum)

Anwesend ist:
(Ausbildungslehrkraft)

Studienreferendarin Meike Weber
2. Semester
RBZ Technik der Landeshauptstadt Kiel
– Standort Gaarden –
Geschwister-Scholl-Strasse 9, 24143 Kiel

1 Bedingungsanalyse

Die 15 Schülerinnen und Schüler[1] der Berufsoberschule (BOS) werden von mir mit einer Stunde eigenverantwortlich und zwei Stunden unter Anleitung pro Woche unterrichtet. Zusätzlich wird die Klasse durch meinen Ausbildungslehrer Herrn XXX weitere vier Stunden in Mathematik unterrichtet. Thematisch habe ich den *Inhaltsbereich Stochastik* übernommen und Herr XXX unterrichtet die *Inhaltsbereiche Analysis* und *lineare Algebra* (MBWFK 2001, 13).
Die Klasse ist meistens aufmerksam, interessiert und arbeitet gut zusammen.

2 Didaktische Analyse

Das Thema dieser Unterrichtssequenz findet sich neben dem oben genannten *Inhaltsbereich* im *Themenfeld 7* (MBWFK 2001, 17) des Lehrplanes Mathematik für die BOS des Landes Schleswig-Holstein wieder.

2.1 Einordnung der Stunde in die Unterrichtssequenz

Zu Beginn dieser Unterrichtssequenz hat ein Schüler in einem Referat über den Erwartungswert einer Zufallsvariablen und deren Wahrscheinlichkeitsverteilung informiert. Zur Wiederholung für die Klausur haben die Schüler über die Ferien ein Arbeitsblatt mit Aufgaben zu allen bisherigen Themenbereichen bearbeitet und in der letzten Stunde verglichen. Anknüpfend an das Referat über den Erwartungswert, der als Mittelwert einer Zufallvariablen aufgefasst werden kann, soll in dieser Stunde die Varianz als erstes Streuungsmaß kennen gelernt werden. Im weiteren Verlauf der Unterrichtssequenz wird die Standardabweichung behandelt.

2.2 Thematische Überlegungen

Bei der Einführung der Streumaße ist es wichtig, den Sinn und Zweck dieser Werte zu verstehen. Daher wird ein Einführungsbeispiel gewählt, bei dem für zwei unterschiedliche Datensätze der gleiche Mittelwert entsteht und danach die Datensätze durch fiktive dritte Personen als gleich bewertet werden. Durch die Veranschaulichung der beiden Datensätze in Säulendiagrammen wird die unterschiedliche Verteilung innerhalb der beiden Datensätze deutlich. Es muss also ein Maß für die Abweichung der Daten vom Mittelwert gefunden werden, um die Datensätze richtig bewerten zu können. Eine schnelle und einfache Visualisierung ist mit Hilfe des Tabellenkalkulationsprogramms Excel möglich. Auf eine umfassende Ergebnissicherung lege ich besonderen Wert, da ich in vorangegangenen Stunden den Eindruck hatte, dass einige Schüler nicht alle Ergebnisse mitgenommen haben. Darum wird ein Arbeitsblatt mit einem Lückentext ausgeteilt, das die Schüler ausfüllen sollen. Auf diesem Arbeitsblatt befindet sich zusätzlich eine Übungsaufgabe, anhand derer die Schüler die Bedeutung des Streumaßes Varianz bewerten sollen und eine Überleitung zur Standardabweichung erleichtert wird.

---

[1] Für eine bessere Lesbarkeit wird im Folgenden der männliche Plural Schüler verwendet.

2.3 Intentionen der Unterrichtsstunde

Aus den obigen Überlegungen ergibt sich somit für die heutige Stunde die folgende Leitidee:
Die Schüler erkennen anhand eines eingängigen Beispiels den Sinn und Zeck von Streuungsmaßen in der Stochastik, indem sie die Daten mithilfe von Excel visualisieren.

Neben dem Prinzip der Fachlichkeit, der Beruflichkeit und der Studierfähigkeit orientiert sich der Unterricht in der BOS laut Lehrplan auch an der Sach-, Methoden-, Sozial- und Selbstkompetenz, die einander bedingen und ergänzen (MBWFK 2001, 7).
In dieser Stunde erweitern die Schüler ihre **Sachkompetenz**,
- indem sie den Sinn und Zweck von Streuungsmaßen erkennen.
- indem sie ein Maß (Varianz) für die Streuung von Werten um den Mittelwert/Erwartungswert kennen lernen.

Die Schüler festigen und erweitern ihre **Methodenkompetenz**, indem sie die Funktionen in Excel verwenden, um statistische Kennwerte zu berechnen und zu visualisieren.
Die Schüler festigen ihre **Sozialkompetenz**, indem sie sich bei der Bearbeitung des Arbeitsblattes gegenseitig unterstützen.
Die Schüler festigen ihre **Selbstkompetenz**, indem sie selbstständige Schlussfolgerungen aus den Darstellungen in Excel ziehen.

3 Methodische Analyse

a) Einstieg
Mit Unterstützung einer PowerPoint-Präsentation werden den Schülern die fiktiven Vornoten und die Abschlussnoten einer Mathematik Abiturklausur gezeigt. Das Ministerium prüft diese Datensätze zu statistischen Zwecken und schickt die Datensätze mit dem Vermerk „Keine Auffälligkeiten! Noten sind Ähnlich. Zurück zum Absender." zurück.
b) Erarbeitung I
Darauf folgt eine PPT-Folie mit Arbeitsaufträgen, anhand derer die Schüler mit Hilfe von Excel diese Behauptung überprüfen sollen. Hat das Ministerium recht mit ihrer Aussage? Die Schüler bekommen die Datensätze in einer Excel-Tabelle und eine Kurzanleitung mit den wichtigsten Funktionen zur Verfügung gestellt. Das Programm Excel habe ich gewählt, um die Ergebnisse schnell und einfach erstellen zu können.
c) Ergebnissicherung I
Haben alle Schüler die Arbeitsaufträge durchgeführt, werden die Ergebnisse verglichen und die letzte Frage diskutiert. Als Überleitung zur nächsten Phase wird die Frage gestellt: „Was müsste ein zusätzlicher Wert angeben/aussagen, damit wir die Datensätze besser vergleichen könnten?" Kommen die Schüler darauf, dass man den Abstand der Werte zum Mittelwert mit angeben müsste, wird ein Arbeitsblatt ausgeteilt, auf dem unterschiedliche Formeln zur Berechnung dieser Streuung vorgeschlagen werden.
d) Erarbeitung II
Für den Vergleich dieser Formeln wird wieder das Programm Excel verwendet. Die Berechnung wird dadurch erheblich vereinfacht und die Schüler haben schnell Werte, die sie

vergleichen und bewerten können. Dazu sollen sie die Frage zunächst zu zweit diskutieren, welches Streumaß sich besser eignet.

e) Ergebnissicherung II

Danach wird diese Frage im Plenum erneut diskutiert mit dem Ziel, dass alle Schüler die Varianz als bestes Streuungsmaß für diese Situation erkennen. Für eine abschließende und umfassende Ergebnissicherung wird ein Lückentext ausgeteilt, der die wichtigsten Ergebnisse der Stunde zusammenfasst.

f) Hausaufgabe

Als Hausaufgabe erhalten die Schüler die Aufgabe, die Übungsaufgabe vom AB2 zu bearbeiten. Diese Aufgabe eignet sich gut, um auf die Standardabweichung als ein weiteres Streuungsmaß zu kommen. Als Ergebnis der Varianz erhalten die Schüler die Einheit cm², der Mittelwert ist jedoch in cm angegeben. Diese Werte können nicht verglichen werden. Doch es gilt $\sigma\,(x) = \sqrt{v(x)}$.

4   Tabellarische Verlaufsplanung

Lehrerhandlung	Schülerhandlung	Sozialform	Medien
Die Lehrerin…	Die Schüler…		
Einstieg			
führt die Power-Point-Präsentation vor und stellt Behauptung auf.	hören zu.	Lehrer-vortrag	Beamer, PPT
Erarbeitung I			
vergibt Arbeitsaufträge zur Überprüfung der Behauptung. Hat das Ministerium recht mit ihrer Aussage?	führen die Arbeitsaufträge durch.	Partnerarbeit	PC, Excel-Arbeitsblatt aufg_1.xls
Ergebnissicherung I			
moderiert die Schülerbeiträge.	nehmen Stellung zur Behauptung aus dem Einstieg.	S/L-Gespräch	
Erarbeitung II			
verteilt AB mit Gespräch zwischen Ministeriumsmitarbeitern.	lesen AB und führen Arbeitsaufträge durch.	Partnerarbeit	AB1, PC, Excel-Arbeitsblatt aufg_2.xls
Ergebnissicherung II			
moderiert den Vergleich der Aufgaben.	vergleichen ihre Ergebnisse vom Arbeitsblatt.	S/L-Gespräch	AB1
verteilt AB2 mit Lückentext.	diskutieren die letzte Frage. füllen Lückentext.		AB2
Reserve/Hausaufgabe			
vergibt die Aufgabe auf dem AB2.	lösen die Aufgabe auf dem AB2.	Einzelarbeit	AB2

5 Anhang

5.1 Verwendete Materialien

Im Anhang: Aufg_1.xls, Aufg_2.xls, einf.ppt

5.2 Literatur

Ministerium für Bildung, Wissenschaft, Forschung und Kultur des Landes Schleswig-Holstein (MBWFK): Lehrplan für die Berufsoberschule und die Fachoberschule Mathematik, Stand 01.08.2001 (unter: http://lehrplan.lernnetz.de/content/index.php (09.01.2010))

Nils J. van den Boom: Varianz und Standardabweichung mit Excel. 09.04.2008 (unter: http://www.lehrer-online.de/varianz-standardabweichung.php (09.01.2010))

STOCHASTIK
STREUMAßE

WEBER – BOS-09-a

Abitur: Mathematik 2010

Im Abitur werden zu statistischen Zwecken vom Schulministerium die Vornoten mit denen der Abiturklausur verglichen. Ein Ministeriumsmitarbeiter bewertet die Situation wie rechts angegeben.

Schüler-Nr.	Note 13	Note Klausur
1	1	1
2	2	1
3	3	5
4	2	5
5	1	4
6	5	2
7	3	3
8	4	4
9	4	1
10	2	5
11	4	
12	4	
13	3	
14		
15		

Keine Auffälligkeiten!

Keine Ergebnisse sind ähnlich.

Ergebnisse zum ...

Zurück zum Absender.

Arbeitsaufträge

1. Berechnen Sie den **Mittelwert** und den **Median** der Datenreihen (mittels der Excel-Funktionen). Kommentieren Sie das Ergebnis.

2. Berechnen Sie die **Häufigkeiten** (über „Extras" → „Analyse-Funktionen" → „Histogramm"). Klasseneinteilung: 1, 2, 3, 4, 5, 6.

3. Zeichnen Sie **Säulendiagramme** für die beiden Häufigkeitsverteilungen. Was fällt Ihnen auf?

4. Nehmen Sie Stellung zur Aussage des Mitarbeiters: „Keine Auffälligkeiten!".

Streumaße

Mathematik-Klausur

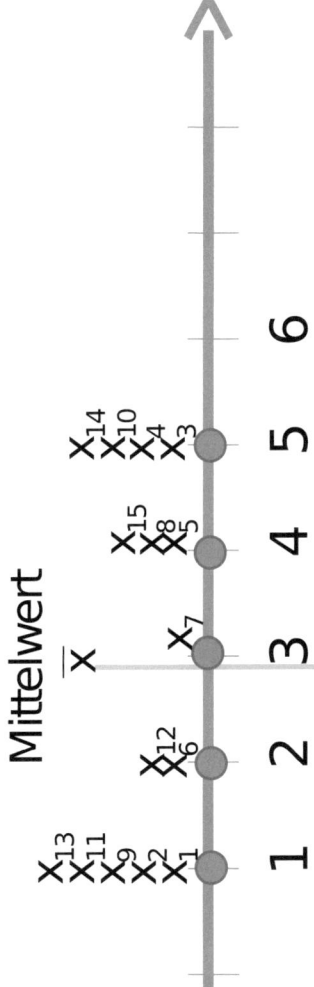

Mittelwert $\overline{x}$

x_i : Note von Schüler i

$\overline{x} = 1/15 * (x_1 + x_2 + \ldots + x_{15})$

Abitur Mathematik 2010: Vergleich Vornote mit Klausur

Vornote

Schüler	Note
i	x_i
1	1
2	2
3	3
4	2
5	1
6	5
7	3
8	4
9	4
10	2
11	4
12	4
13	3
14	3
15	3
Mittelwert (mw)	
Median	

Abiturklausur

Schüler	Note
i	x_i
1	1
2	1
3	5
4	5
5	4
6	2
7	3
8	4
9	1
10	5
11	1
12	2
13	1
14	5
15	4
Mittelwert (mw)	
Median	

Klasse	Häufigkeit
1	
2	
3	
4	
5	
6	

Klasse	Häufigkeit
1	
2	
3	
4	
5	
6	

Abitur Mathematik 2010: Vergleich Vornote mit Klausur

Vornote

Schüler i	Note x_i	Beträge (Helmut) $|x_i - mw|$	Quadrate (Gabi) $(x_i-mw)^2$
1	2		
2	3		
3	2		
4	1		
5	5		
6	3		
7	4		
8	4		
9	2		
10	4		
11	4		
12	3		
13	3		
14	3		
15	3		
		Summe	
		Ergebnis	

Mittelwert (mw) 2.93333333
Median 3

Bereich für Häufigkeitsverteilung

Klasse	Häufigkeit
1	2
2	3
3	5
4	4
5	1
6	0
und größer	0

Abiturklausur

Schüler i	Note x_i	Beträge (Helmut) $|x_i - mw|$	Quadrate (Gabi) $(x_i-mw)^2$
1	1		
2	1		
3	5		
4	5		
5	4		
6	2		
7	3		
8	4		
9	1		
10	5		
11	1		
12	2		
13	1		
14	5		
15	4		
		Summe	
		Ergebnis	

Mittelwert (mw) 2.93333333
Median 3

Bereich für Häufigkeitsverteilung

Klasse	Häufigkeit
1	5
2	2
3	1
4	3
5	4
6	0
und größer	0

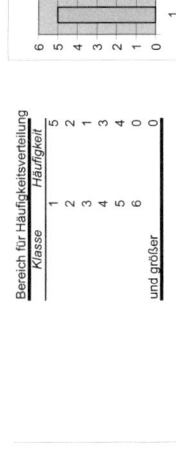

Wir haben festgestellt, dass Datenreihen, die den gleichen Mittelwert haben, nicht unbedingt gleich aussehen müssen. Deswegen ist es sinnvoll ein Maß für die Streuung der Daten um den Mittelwert herum festzulegen („Streumaß"). Dazu gibt es verschiedene Möglichkeiten, die wir nun näher untersuchen möchten. **Beachte zum Verständnis der Formeln, den per Beamer projizierten Zahlenstrahl mit den Abiturwerten.**

Die drei Mitarbeiter des Ministeriums Helmut, Tom und Gabi unterhalten sich über mögliche Lösungsmöglichkeiten:

Tom: „Wir brauchen irgendwie ein Maß, das uns angibt, wie stark sich die einzelnen Werte vom Mittelwert unterscheiden. Es würde sich doch anbieten, dass man ausrechnet, wie weit die einzelnen Werte im Durchschnitt vom Mittelwert abweichen. Dazu würde ich die mittlere Abweichung der einzelnen Werte vom Mittelwert berechnen. Also $\frac{1}{n}\left((x_1 - \bar{x}) + (x_2 - \bar{x}) + \cdots + (x_n - \bar{x})\right)$. So sollte man doch einen guten Eindruck bekommen, wie stark die Werte um den Mittelwert streuen."

Gabi: „Aber Tom, bei deinem Vorschlag kommt leider nichts Vernünftiges bei raus. Rechne es mal nach…"

Helmut: „In der Tat macht das nicht so viel Sinn. Ich würde deswegen vorschlagen wir nehmen nicht die Abweichungen, sondern die Beträge der Abweichungen. Dann heben sich z.B. die Werte -3 und 3 nicht gegenseitig auf. Man käme also auf die Formel $\frac{1}{n}\left(|x_1 - \bar{x}| + |x_2 - \bar{x}| + \cdots + |x_n - \bar{x}|\right)$."

Tom: „Ja, ihr habt natürlich recht. Helmut, deinen Vorschlag finde ich sehr vernünftig, aber diese Rechnerei mit den Beträgen ist doch sehr umständlich. Mein Taschenrechner z.B. hat keine Betragsfunktion. Da ist es recht mühselig den Wert zu berechnen. Gibt es nicht noch eine bessere Möglichkeit?"

Gabi: „Wie wäre es denn, wenn wir statt die Beträge zu nehmen, die Abweichungen quadrieren. Dann haben wir das Problem beseitigt, dass die Abweichungen negativ werden können und wir können die Summe leichter berechnen.

Meine Formel sähe also wie folgt aus: $\frac{1}{n}\left((x_1 - \bar{x})^2 + (x_2 - \bar{x})^2 + \cdots + (x_n - \bar{x})^2\right)$."

Helmut: „Ja, Gabi, das scheint mir ein sehr guter Vorschlag zu sein."

Tom: „Laßt uns die Formel einmal auf unser Abiturproblem anwenden."

Arbeitsaufträge in Partnerarbeit:

1. Warum ist Toms erster Vorschlag nicht zu gebrauchen?

2. Wenden Sie Helmuts und Gabis Vorschläge mit Excel (aufg2.xls) auf das Abiturproblem an. Warum sind dies geeignete „Streumaße"?

3. Worin unterscheiden sich die beiden „Streumaße"? Welchen würden Sie bevorzugen? Begründen Sie.

Es kann vorkommen, dass bei Datenreihen die _____

sind, aber die zugehörigen _____ aussehen.

Man spricht dann auch davon, dass die Werte unterschiedlich stark um den Mittelwert

herum _____.

Als ein vernünftiges Maß für diese Streuung hat sich die _____ erwiesen, also

die mittlere _____ vom Mittelwert:

Definition: Sind x_1, x_2, ... , x_n Stichprobenwerte mit dem Mittelwert $\bar{x}$, so nennt man

_____ die **Varianz** der Stichprobenwerte.

Arbeitsauftrag:

1. Füllen Sie die Lücken mit folgenden Inhalten aus:

quadratische Abweichung	Varianz	Mittelwerte identisch
Häufigkeitsdiagramme sehr unterschiedlich	streuen	$\frac{1}{n}\left((x_1 - \bar{x})^2 + (x_2 - \bar{x})^2 + ... + (x_n - \bar{x})^2\right)$

Übungsaufgabe Varianz

Bei den olympischen Spielen 1996 in Atlanta erzielten die Medaillengewinnerinnen im Weitsprung der Frauen folgende Sprungweiten:

Versuch Nr.	1	2	3	4	5	6
Chioma Anjuwa, NGR	7,12 m	6,99 m	6,85 m	6,84 m	-	-
Fiona May, ITA	6,68 m	7,02 m	6,78 m	6,73 m	6,76 m	6,88 m
Jacky Jones-Kersee, USA	6,55 m	6,75 m	6,86 m	-	6,52 m	7,00 m

Arbeitsaufträge:

2. Berechnen Sie die Varianzen der einzelnen Springerinnen. Rechnen Sie unbedingt mit Einheiten. Bei wem streuen die Werte mehr um den Mittelwert?

3. Wer hat den Wettbewerb gewonnen? Vergleichen Sie dies mit Ihrer Aussage aus Aufgabe 1.

4. Betrachten Sie die Einheiten in der Rechnung mal genau. Was fällt Ihnen auf? Worin unterscheidet sich die Varianz vom Mittelwert? Macht dies Probleme?